AF263422

Docteur G. LEGAY

L'Alimentation

des

Nouveau-Nés

ALLAITEMENT ARTIFICIEL

PRIX : 1 franc 50

LILLE

QUARRE, LIBRAIRE-ÉDITEUR

64, Grand'Place, 64

1896

Docteur C. LEGAY

L'Alimentation

des

Nouveau-Nés

ALLAITEMENT ARTIFICIEL

PRIX : 1 franc 50

LILLE

L. QUARRÉ, LIBRAIRE-ÉDITEUR

64, Grand'Place, 64

—

1896

Tc
31
423

TABLE DES MATIÈRES

HYGIÈNE ALIMENTAIRE DES NOUVEAU-NÉS

L'ALLAITEMENT ARTIFICIEL

Par le docteur LEGAY

Ancien interne à la Maternité de l'hôpital de la Charité
Lauréat Médaille d'Or de la Faculté de Médecine de Lille,
Médaille de Bronze de l'Académie de Médecine (Hygiène de l'enfance, 1893).

INTRODUCTION

Diverses causes contribuent à rendre de plus en plus rare l'allaitement des nouveau-nés au sein maternel. Les nécessités ou les conditions sociales, les craintes manifestées par l'entourage des jeunes mères au sujet d'une fatigue qu'on désire leur éviter, les prédispositions fréquentes des jeunes femmes à l'anémie et au nervosisme sont autant de raisons qui engagent ou obligent les familles à recourir, pour les nouveau-nés, à l'allaitement artificiel. Aussi, que d'efforts pendant ces dernières années de la part des hygiénistes et des médecins pour transformer un procédé d'élevage autrefois défectueux et meurtrier en une méthode rigoureuse basée sur des règlements hygiéniques formels, afin de sauvegarder la santé et la vie des jeunes enfants.

Cette méthode et ces lois sont encore trop peu connues ; c'est pour les vulgariser davantage, pour les mettre à la portée de toutes les mères, que cet opuscule a vu le jour. Nous avons essayé de l'écrire en un style simple, familier, dépourvu à dessein de termes scientifiques ou savants ; car il doit servir à toutes les femmes, instruites ou ignorantes, qui ont des enfants. Les unes et les autres ont le même but : faire vivre ces petits, les garder en bonne santé, leur assurer une croissance normale et régulière pour qu'ils deviennent des adultes robustes et vigoureux.

Le tribut que la première enfance aie à la mort est, on le sait, considérable.

En voici le tableau comparé :

De la naissance à 1 an....	230	pour	1000
De 3 à 4 ans............	20	»	»
De 5 à 10 ans...........	8	»	»
De 10 à 20 ans..........	6	»	»

Cette lecture fait comprendre l'exactitude des lignes suivantes écrites par un des médecins les plus distingués de l'époque, M. le docteur Bergeron, secrétaire perpétuel de l'Académie de Médecine, qui les a prouvées, chiffres en main : « En dépit des progrès de l'hygiène publique, un enfant qui naît a moins.de chances de vivre une semaine qu'un homme de 90 ans, moins de chances qu'un octogénaire de vivre un an. »

A quelles causes faut-il attribuer une pareille hécatombe? Les maladies les plus fréquentes qu'on observe chez les petits enfants sont les affections de l'estomac et du ventre, gastro-entérite, d'où découlent l'athrepsie, le carreau, etc., l'entérite infectieuse, le croup, la méningite tuberculeuse.

Or c'est dans le lait que se trouvent le plus souvent les germes de ces affections, et, neuf fois sur dix échantillons de lait examinés au microscope, les microbes de ces maladies infectieuses ont été rencontrés [1]. Le premier devoir est de détruire ces microbes; mais pour cette destruction il importe de ne pas employer des procédés susceptibles d'altérer le lait, d'en diminuer la valeur nutritive.

L'enfant exclusivement nourri de lait doit y trouver tous les éléments nécessaires à son développement. Ce liquide est à l'état naturel un aliment complet, il ne doit pas subir une préparation qui l'altère dans sa constitution. Tout procédé qui supprimerait les microbes sans tenir compte de cette nécessité est condamnable, car des soins alimentaires de la première enfance dépend l'avenir du développement physique de l'individu; et une nutrition insuffisante aux premiers mois de la vie, ne se répare jamais, quel que soit le régime tonique ou reconstituant qu'on donnera plus tard.

Aussi convient-il d'éviter l'ébullition du lait, et les procédés de stérilisation par un séjour de 40 minutes au bain-marie d'eau bouillante qui, nous le verrons plus loin, altèrent le lait et diminuent sa valeur nutritive.

---

1. *Annales de l'Institut Pasteur*. M. H. Martin, 1890.

Notre méthode, que des hommes de science veulent bien apprécier en termes flatteurs pour nous [1], que l'Académie de Médecine de Paris a bien voulu remarquer et même récompenser d'une de ses médailles, *permet justement d'assurer la destruction des microbes sans causer la moindre altération au lait.*

Sa vulgarisation a donc une importance considérable au point de vue de la diminution de la mortalité infantile d'une part, et d'autre part pour l'amélioration corporelle et physique de ceux qu'on aura élevés par cette méthode.

Si elle contribue, comme nous l'espérons, à produire ces deux résultats, nous aurons reçu notre plus belle récompense.

---

1. M. le docteur Séverin Icard, de Marseille, dans son ouvrage " l'*Alimentation des Nouveau-Nés. 1894* ", expose clairement aux pages 216 et 221 notre méthode thermométrique. Voici son opinion sur l'appareil : « Les avantages qu'il présente assurent à l'appareil Legay une supériorité incontestable sur tous les autres appareils similaires. » (Page 224).

M. Pouriau, docteur ès sciences, dans son traité " *la Laiterie* ", de *1895*, 5e édition, écrit à la page 92 : « L'idée qui a guidé M. le docteur Legay dans l'établissement de son appareil est ingénieuse dans sa simplicité, et dans notre opinion, ce stérilisateur essentiellement pratique est appelé à rendre de réels services, non-seulement pour la consommation courante du lait, mais surtout pour l'alimentation des enfants allaités artificiellement. »

CHAPITRE I.

Conditions d'un bon allaitement artificiel.

La mère qui ne peut allaiter l'enfant qu'elle a mis au monde doit avoir deux précautions lorsqu'elle recourt à l'allaitement artificiel :

1° Elle doit fournir au nourrisson un lait possédant des qualités nutritives suffisantes pour permettre la croissance normale de tous les tissus de son organisme.

2° Le lait, nourriture exclusive de l'enfant dans les premiers mois de la vie, ne devra contenir aucun microbe pathogène, c'est-à-dire aucun germe de maladie qui, pénétrant dans l'organisme de l'enfant, pourrait être la cause immédiate ou prochaine d'une maladie infectieuse (gastro-entérite, méningite tuberculeuse, diphtérie, etc.)

La première condition de l'allaitement artificiel est de fournir à l'enfant un aliment complet, c'est-à-dire renfermant tous les matériaux nécessaires à la croissance régulière de l'organisme. Or le lait contient justement tous ces éléments : de l'eau, des matières azotées, une matière sucrée, des principes gras et des sels minéraux. Ces éléments dissous ou en suspension dans le sérum (eau du lait) sont l'albumine et la caséine, le sucre de lait ou lactine, le beurre, les phosphates alcalins et alcalino-terreux, les chlorures alcalins. Dans l'allaitement artificiel bien compris, le lait ne doit manquer d'aucun de ces principes indispensables à l'accroissement normal de chacun des tissus. Aussi avec quels soins cette question de la conservation de tous les éléments nutritifs du lait n'a-t-elle pas été traitée par l'Académie et par un grand nombre de médecins, qui refusaient même le droit de porter le lait à l'ébullition dans la crainte d'en altérer la composition, d'en diminuer la valeur nutritive, et d'exposer le nourrisson par insuffisance alimentaire au dépérissement et au rachitisme.

Mais du jour où l'on sut que le lait pouvait contenir des germes contagieux provenant des affections dont sont atteintes nombre de vaches, que la maladie aphteuse, la tuberculose, etc., pouvaient être prises par l'enfant avec son lait, alors toute autre préoccupation disparut devant cette nécessité nouvelle, précédemment ignorée.

On laissa de côté la question de valeur nutritive du lait; l'Académie se déjugeant, recommanda l'ébullition qu'elle avait condamnée (1873). On vit naître le lait stérilisé, et des stérilisateurs de ménage portant le lait à de hautes températures pendant un temps très long eurent grand succès. Il faut tuer les microbes ; c'est là le but unique, l'effort commun de tous ceux qui s'occupent d'hygiène infantile. Le lait est-il altéré par ces préparations autrefois décriées? Peu importe, tuons le microbe. La crainte des microbes est si grande que la question de valeur nutritive du lait ne compte plus.

Cependant si, en 1873, l'Académie de médecine de Paris écrivait dans ses conseils aux mères et aux nourrices pour l'élevage des jeunes enfants (Art. 10): « Le lait ne doit pas être bouilli, mais être chauffé sur la cendre chaude ou au bain-marie et être donné tiède »; si, en 1885 encore, la Commission de l'hygiène de l'enfance renouvelait les mêmes prescriptions, c'est que les médecins les plus éminents de cette longue période (1870-1885) considéraient que le lait était moins digestif pour les nouveau-nés et qu'il perdait en partie ses qualités nutritives si on le portait à la température de cent degrés.

Cette opinion reposait bien plus sur des observations cliniques que sur des analyses, mais elles n'ont pas moins de valeur. Depuis cette époque les travaux de Budin, Chavannes, Lesage et nos recherches personnelles n'ont-ils point montré les modifications que fait subir au lait l'ébullition?

Donc s'il importe à un haut degré de supprimer du lait ses germes contagieux, il est non moins essentiel d'assurer à l'enfant un aliment complet.

Le problème est donc de détruire les microbes du lait en lui conservant dans leur intégralité tous ses éléments nutritifs.

Cette question a tenté nos efforts, sa solution intéresse toutes les mères de famille soucieuses d'assurer à leurs enfants un aliment doué de toutes les qualités nutritives et digestives et privé de germes contagieux.

Elle intéresse les médecins qui veulent conseiller les méthodes les plus rationnelles, sans sacrifier à la routine.

CHAPITRE II.

La méthode thermométrique.

Principe de notre méthode. — Comme tout être vivant, les microbes ont une température qu'ils ne peuvent dépasser sans être frappés de mort.

On sait que le bacille de la fièvre typhoïde meurt à 60 degrés centigrades.

Le bacille du choléra meurt à 58 degrés.

Le bacille de la tuberculose meurt à 68 degrés.

Ce dernier est dans le lait le plus résistant; c'est aussi le plus fréquent.

Portons la température du lait à 10 ou 15 degrés environ au-dessus de 68 degrés, et nous donnerons à notre lait une température assurant la destruction complète des microbes dangereux qu'il pouvait contenir.

Dans un appareil pratique, à la portée de tout le monde, il ne saurait être question de prendre avec un thermomètre la température du lait, mais fabriquons un flacon thermométrique', c'est-à-dire un flacon disposé de telle manière que le lait, introduit froid jusqu'à un trait marqué *Niveau* sur le goulot, (figure I) vienne en se dilatant par la chaleur affleurer à un trait placé un peu plus haut, marqué du chiffre 85. Cet affleurement indique la température du lait, s'il a été versé dans le flacon à la température de 15 degrés. — Eût-il été versé à 5 degrés, il n'en offrirait

pas moins de sécurité, puisque sa température finale (affleurement) serait 75 degrés soit 7 degrés encore au-dessus de la température de mort du bacille le plus résistant.

Nous avons donc supprimé du lait ses microbes dangereux par le minimum possible de température.

S'il est vrai, comme on le verra dans le corps de cet ouvrage, qu'une température plus élevée (ébullition, stérilisation dans les appareils à 40 minutes) altère le lait dans ses qualités et dans sa constitution, notre procédé fort simple nous fait obtenir le résultat cherché.

L'Appareil pasteurisateur pour l'allaitement artificiel.

Le principe de la méthode thermométrique étant bien établi, le but à atteindre était de réaliser un appareil simple, d'un maniement facile pour permettre aux mères d'en procurer les avantages à leurs nourrissons soumis à l'allaitement artificiel.

Sauf variation du nombre ou de la contenance des flacons, chaque appareil se compose de la manière suivante:

1° D'une marmite à fond plat sans couvercle.

2° De flacons thermométriques.

3° D'opercules en caoutchouc pour couvrir les flacons.

4° D'une tétine.

Marmite. — La marmite n'a rien de spécial. Elle est seulement à fond plat et toute autre avec cette particularité du fond pourra la remplacer. Le petit modèle peut contenir cinq flacons thermométriques, le grand modèle onze flacons.

Flacon pasteurisateur thermométrique. — D'une contenance de 150 grammes — petit modèle pour nouveau-nés —, ou de 250 grammes — deuxième année et régime lacté —, ils sont gradués de manière à faciliter le coupage suivant les proportions recommandées par le docteur ; ils sont d'un verre de laboratoire très solide, spécial pour le bain-marie.

La base de chaque bouteille présente trois renflements par lesquels elle repose dans la marmite. Grâce à cette disposition, il n'y a contact pendant l'opération que par trois points entre la marmite et la bouteille et celle-ci pendant l'ébullition du bain-marie ne sursaute pas, bien qu'il n'existe pas de double fond. Cette disposition simplifie l'appareil en évitant la nécessité d'une marmite spéciale soit pour la préparation d'ensemble, soit pour le réchauffage du lait du nourrisson avant chaque tétée. La disposition du fond de la bouteille fait qu'elle s'adapte à toutes les casseroles à fond plat communément employées dans les ménages.

Les éléments essentiels de notre flacon thermométrique, ceux qui constituent son originalité sont les traits "Niveau" et 85. Le premier, circulaire, se trouve à l'insertion du col sur le corps de la bouteille, le second, immédiatement au-dessus, à quelques millimètres de distance, est placé sur le goulot même. La distance entre ces deux traits représente exactement le volume dont se dilate le lait contenu dans le flacon quand sa température passe de 15 à 85 degrés. Le trait 85 est fait spécialement sur chaque flacon pour que celui-ci ait une exactitude thermométrique.

Opercule. — C'est une calotte de caoutchouc dont la partie supérieure plate coiffe le flacon, tandis que la partie inférieure cylindrique vient serrer fortement le haut du goulot.

Composition des appareils. — Contenance des flacons.

Nous avons fait fabriquer deux dimensions de flacons qu'on a groupés en nombre variable, suivant les indications d'emploi. Pour les nouveau-nés, la contenance des flacons est de 150 grammes et ceux-ci sont disposés dans des marmites par séries de cinq (petit modèle, appareil n° 1), ou de onze (grand modèle pour nouveau-nés, appareil n° 2).

Dans le premier type, l'appareil est destiné à l'allai-

tement mixte, c'est-à-dire au cas où la mère donne le sein, mais doit recourir en partie à l'allaitement artificiel.

Le grand modèle contient onze flacons, nombre nécessaire à toutes les tétées de l'enfant pendant vingt-quatre heures, soit de 7 heures du matin à 9 heures du soir, sept tétées; pour les dix heures de nuit restant, trois tétées environ. Le flacon supplémentaire permet de ne pas laisser attendre le bébé, si le lait

Appareil n° 2.

arrivait en retard le jour suivant. Les mères de famille connaissent l'importance de ces soins qui ne sont pas des détails.

Pour les enfants qui ont dépassé l'âge d'un an, des flacons plus grands nous ont paru nécessaires. Leur contenance est alors de 250 grammes, ils conviennent encore aux personnes soumises au régime lacté qui tiennent à conserver au complet les principes nutritifs du lait et qui veulent éviter le goût de lait cuit.

Appareil n° 3.

Appareil n° 4.

Le groupement de quatre flacons de cette contenance, un autre de huit flacons ont été établis. (Appareil n° 3 — Appareil n° 4).

Préparation du lait des nourrissons dans l'appareil Legay.

Le lait sera introduit dans chaque flacon jusqu'au trait "Niveau". Si le médecin a prescrit de le couper, on introduira d'abord le lait dans la proportion prescrite en se rapportant à la graduation et l'on ajoutera l'eau ensuite jusqu'au trait de remplissage. (Ne pas empiéter sur le trait.)

Les flacons remplis seront remis dans la marmite contenant de l'eau froide. Il est bon que la plus grande partie du corps de la bouteille soit sous l'eau ; le col doit dépasser entièrement.

On met le tout sur un feu doux. Bientôt le lait s'élève dans le goulot, gagne de plus en plus en hauteur au fur et à mesure de l'échauffement du bain-marie et atteint bientôt le trait 85.

Dès l'affleurement, on retirera du feu l'appareil. Suivant l'intensité du foyer sur lequel on a chauffé, la durée de l'opération varie de 6 à 10 minutes. Si on ne peut rester tout ce temps en surveillance, il sera bon de se rappeler que vers le moment où l'eau du bain-marie chante, le niveau supérieur du lait est près d'atteindre le trait 85 dans le goulot.

Quelques mères m'ont fait une objection au sujet d'un inconvénient auquel il est facile de remédier. Il est assez ennuyeux et un peu long, paraît-il, de remplir tous les flacons jusqu'au trait Niveau. Alors, pour abréger, on en remplit un seul ou deux avec une exactitude mathématique et, quand ces deux flacons indiquent 85 degrés, on retire le tout. Il n'y a aucune objection à faire à cette manière de procéder.

Comme les flacons ont les mêmes dimensions en hauteur et en diamètre, la même épaisseur de verre, qu'ils plongent également dans le liquide du bain-marie, la température de l'un peut servir à indiquer celle de tous les autres.

Donc, l'opération terminée, on retire du feu l'appareil où les flacons sont laissés en place et leur température se maintient pendant 8 à 10 minutes. A ce moment, il convient de refroidir le lait des flacons.

A cet effet, on laisse tomber un filet d'eau froide dans la marmite. Celle-ci se mélange à l'eau chaude et finalement la remplace. Si un flacon doit être employé immédiatement, on le sépare des autres avant que la surface du lait ne soit revenue par refroidissement au trait Niveau. Lorsqu'il est abaissé des deux tiers de la hauteur gagnée pendant le chauffage, le lait peut être pris par l'enfant. Il est à la température voulue pour l'absorption. Cela n'est vrai que pour les flacons remplis avec exactitude avant l'opération.

CHAPITRE III.

Pour administrer le lait à l'enfant.

Coupage du lait. — Nous connaissons maintenant l'appareil pasteurisateur, le moyen de l'employer pour préparer à l'enfant un lait exempt de microbes pathogènes et n'ayant perdu aucune de ses propriétés nutritives.

Mais le lait doit-il être donné pur, ou bien convient-il de le couper ? Si oui, dans quelles proportions ?

Beaucoup de médecins, et nous sommes de ce nombre, considèrent le coupage comme indispensable, si l'on emploie le lait de vache ou de chèvre. Des maîtres d'une autorité incontestable, comme Tarnier par exemple, en sont les déclarés partisans. Ce dernier rapporte un cas de mort survenu presque subitement chez un enfant nourri de lait non coupé. A l'autopsie, l'estomac était dilaté par un volumineux caillot de lait. En l'absence de toute autre lésion et devant l'intégrité de tous les autres organes, le savant observateur dut attribuer à ce caillot la cause de la mort. Une autre fois, chez un enfant soumis au régime du lait pur, l'athrepsie (affection qui donne au corps de l'enfant l'aspect de celui d'un petit vieillard) s'était déclarée, le changement de régime et l'administration du lait coupé amena la guérison en quelques mois.

Pour les proportions du coupage, il n'y a pas de règle absolue. Lorsque le lait vient de vaches bien

Cachet : BIBLIOTHÈQUE NATIONALE — IMPRIMÉS

nourries, allant au pré, non poussées à la production industrielle comme dans les laiteries des villes ou des faubourgs, en un mot lorsqu'on a un lait riche, il convient pendant la première semaine d'employer une partie de lait pour deux d'eau, dans les trois semaines qui suivent parties égales de lait et d'eau. A partir du début du deuxième mois, la quantité de lait doit être un peu supérieure à celle de l'eau et on l'augmente progressivement pour arriver au lait pur vers le sixième ou septième mois.

Il faut considérer ces proportions comme des moyennes qui ne seront conservées qu'autant qu'avec ce régime l'enfant conserve sa vigueur et qu'il augmente régulièrement en poids, suivant l'ascension normale que nous indiquerons tout-à-l'heure.

Le flacon pasteurisateur thermométrique porte imprimée une division en grammes qui permet d'introduire le lait et l'eau dans les proportions déterminées suivant l'âge de l'enfant; de cette manière on fait en même temps, ce qui est très important, la pasteurisation de l'eau et du lait, et on est certain de ne pas introduire dans l'aliment du nouveau-né des germes venant de l'eau de coupage.

Comme liquide de coupage, on choisira l'eau pure de préférence à toute préparation quelle qu'elle soit. Le mélange d'eau et de lait, au lieu de lait pur, jusqu'au trai^t niveau du flacon thermométrique, ne change en rien le résultat de la pasteurisation, en raison même de la dilatation très sensiblement pareille de ces deux liquides à la chaleur.

Le lait après coupage doit être sucré ; on y ajoutera 5 grammes par 100 grammes d'eau.

Quelle quantité de lait l'enfant doit consommer chaque jour.

Si nous nous en rapportons aux chiffres de Parrot, qui résultent d'observations minutieusement suivies, la consommation quotidienne est de 300 grammes par jour dans le cours du premier mois, de 600 grammes pour le 2mo et 3me mois, 700 grammes le 4me et 5me mois, de 800 grammes au 6me mois. A partir de cette date on augmentera la ration journalière de 150 grammes à 200 grammes chaque mois.

Ces chiffres s'entendent pour le lait pur ; et non pour la quantité de liquide absorbé, l'eau de coupage qu'on doit ajouter est, bien entendu, en supplément.

Comment doit-on présenter le lait à l'enfant ?

La manière la plus simple et la plus rationnelle est d'adapter sur le goulot du flacon une tétine parfaitement nettoyée, en fort caoutchouc, qu'on présente directement à la bouche de l'enfant. Il y applique les lèvres et, après chaque succion, l'élasticité du caoutchouc regonfle la tétine. Si la tétine reste accolée au lieu de reprendre sa forme dilatée, ce qui empêche toute succion nouvelle, c'est que le caoutchouc est trop faible et il convient d'employer une tétine d'un caoutchouc plus épais.

L'emploi de la tétine sur le flacon évite un transvasement qui expose le lait à de nouvelles contaminations.

Certaines personnes préfèrent l'emploi du biberon. Cet appareil facilite la paresse des femmes chargées d'allaiter artificiellement les nouveau-nés, mais c'est au détriment de la santé de l'enfant. Une bonne mère n'emploie pas de biberon ; elle sait que tout transvasement de lait dans un de ces appareils peut être l'origine d'une nouvelle contamination. Elle coiffera le flacon pasteurisateur d'une tétine et le tiendra aux lèvres de l'enfant jusqu'à la fin de la tétée. Les biberons à tube sont considérés comme des appareils infanticides. A Paris, dans les établissements placés sous la surveillance administrative, comme les bureaux de nourrices par exemple, ils sont confisqués et brisés. Le mieux est de placer une tétine sur le goulot du flacon et de le présenter à l'enfant. Si ce flacon n'est pas vidé à la fin du repas de l'enfant, il faut éviter de le lui rendre à un repas ultérieur. Si des raisons d'économie obligent à l'employer, il conviendra de lui faire subir après refroidissement une nouvelle pasteurisation.

Température des boissons de l'enfant.

Il semble logique et il est naturel de faire prendre le lait à l'enfant à la température où se trouve ce liquide quand il sort de la mamelle humaine, c'est-à-dire 37 degrés. C'est là aussi l'opinion de la majorité des auteurs.

Donc pour chaque nouveau repas, on devra réchauffer un des flacons de l'appareil.

Il n'est pas toujours commode de se rendre compte

de la température du lait, qu'il importe cependant de ne donner ni trop chaud, ni trop froid. Quelques personnes après immersion du flacon dans l'eau chaude pendant quelques instants appliquent le verre contre la joue ; elles ne constatent que la température extérieure de la bouteille. D'autres y mettent les doigts ou les lèvres ; ces procédés sont condamnables, car ils peuvent contaminer un lait dont on a pris tant de soins pour en supprimer toute souillure.

Le flacon thermométrique permet d'éviter ces inconvénients. Le lait en s'échauffant gagnera en hauteur dans le goulot et un peu de pratique chez la mère ou la garde qui emploie le flacon thermométrique lui permettra bientôt de savoir à quelle hauteur elle doit laisser monter le lait au-dessus du trait ''Niveau'' pour obtenir la température de 37 degrés. Ce niveau est atteint lorsque le lait s'élevant dans le goulot aura parcouru à peu près le tiers de la distance qui sépare le trait circulaire ''Niveau'' de celui marqué 85.

Cette lecture de la température du lait n'est possible que pour les flacons où l'on a fait le remplissage très exactement avant la pasteurisation.

Intervalle des tétées.

L'intervalle des tétées pendant le jour doit être d'une heure et demie dans le cours du premier mois, puis de deux heures les mois suivants. Pendant la nuit, l'enfant doit faire un repas toutes les quatre heures. Lorsque l'enfant reste endormi une grande partie du jour, ne faisant pas ses repas réguliers, il s'éveille et crie la nuit ; nous n'hésitons pas à conseiller de le tirer de son sommeil tous les deux heures pendant le jour pour l'obliger à téter, mais dans les circonstances d'un sommeil de nuit régulier il n'y a pas lieu d'éveiller l'enfant dans la journée s'il laisse passer d'environ une heure le moment du repas.

Soins de propreté.

Avant chaque tétée la tétine devra être nettoyée intérieurement et extérieurement. Avant chaque nouvelle pasteurisation les mêmes soins seront donnés aux opercules et les flacons, qu'il est bon de remplir d'eau au fur et à mesure qu'ils sont vidés, devront être soigneusement rincés.

Le lait encrasse généralement le verre, mais avec notre appareil, en raison de la courte durée du chauffage et du peu d'élévation de la température du lait "85 degrés", les flacons restent relativement très propres. Ceux qui ont employé les anciens systèmes où les flacons sont soumis à l'ébullition du bain-marie pendant 35 ou 40 minutes en font volontiers la remarque. Par ce chauffage prolongé, le lait subit une décomposition qui produit de l'acide lactique. Cet acide attaque le verre qui est bientôt impossible à nettoyer et qui de plus devient très cassant. Ce sont encore des inconvénients que fait éviter l'emploi de notre appareil, et cet avantage est intéressant au point de vue de l'économie, de la propreté et du facile entretien.

CHAPITRE IV.

Alimentation excessive. — Alimentation insuffisante.

L'excès comme l'insuffisance alimentaire conduisent à des résultats identiques ; ils développent des affections d'estomac et d'intestins aboutissant soit à l'athrepsie, soit au rachitisme.

Une alimentation trop abondante amène la surcharge de l'estomac d'où résultent des vomissements. A un degré plus avancé, le tube digestif, estomac et intestin, s'enflamment, la gastro-entérite apparaît, accompagnée de coliques et de diarrhée. D'autres fois la dilatation de l'estomac s'établit. En même temps surviennent des dermatoses, érythèmes, eczémas, impetigo, intertrigo, etc , communément désignés sous le nom de gourmes.

Parfois l'excès alimentaire est toléré, mais l'enfant devient obèse, adipeux, sujet aux coliques hépatiques et néphrétiques. D'autres fois sa croissance est exagérée ; son développement génital et les besoins qu'il comporte sont prématurés ; ces deux écueils sont à éviter.

L'alimentation insuffisante est chose exceptionnelle pour les nouveau-nés. Il est peu d'enfants qui ne reçoivent la quantité de nourriture nécessaire pour calmer leur faim Mais pour beaucoup d'enfants l'insuffisance alimentaire porte sur la qualité de l'aliment. D'aliment complet, le lait est transformé en aliment incomplet par la perte de ses matières grasses "lait écrémé", par la perte de ses sels alcalins et de ses phosphates " ébullition du lait ou stérilisation par les procédés à 40 minutes au bain-marie".

Dans le premier cas, l'enfant maigrira, dans le second il pourra conserver ses belles apparences, mais son tissu osseux souffrira et l'apparition du rachitisme sera à redouter.

Il faut donc apporter la plus grande attention au choix et à la qualité du lait, soigner sa préparation, ne recourir qu'aux moyens reconnus comme n'altérant pas sa composition. Alors l'enfant aura sa croissance régulière et normale.

Il est nécessaire de suivre les progrès de cette croissance, et la balance devra être employée plusieurs fois la semaine, en se rappelant que l'augmentation journalière normale du poids de l'enfant est de 20 à 25 grammes pendant les quatre premiers mois, de 15 à 18 grammes dans les quatre suivants, et d'une dizaine de grammes à la fin de la première année.

Mais on s'exposerait à des mécomptes en faisant de l'augmentation régulière du poids de l'enfant le critérium du développement normal et régulier de tous ses tissus. Un apport insuffisant en phosphates, par exemple, ne fait pas diminuer le poids d'un enfant ; si on ne modifie que sur ce point l'apport alimentaire régulier et normal, l'enfant continuera de croître, mais après plusieurs semaines, quelquefois même après plusieurs mois, le tissu osseux insuffisamment nourri devient trop faible pour supporter le poids du corps ; la marche est retardée, les membres se courbent, se déforment et des lésions rachitiques s'établissent.

C''est là une notion classique sur laquelle nos maîtres
en pédiâtrie devraient peut-être insister davantage,
car nombre de médecins aujourd'hui ont une tendance
à juger de la valeur d'une méthode d'allaitement
artificiel par l'accroissement régulier du poids des
enfants qui y sont soumis. L'observation régulière de
l'accroissement en poids est intéressante, mais elle
n'exclut pas la nécessité de fournir à l'enfant un
aliment complet dont les phosphates ne soient pas
éliminés, ce qui a aussi une grande importance.

CHAPITRE V.

Altérations du lait causées par l'ébullition ou le chauffage à 100 degrés prolongé.

L'ébullition du lait modifie sa densité, son goût, sa composition, ses qualités digestives. Voilà des faits aujourd'hui scientifiquement démontrés.

La densité du lait de femme est de 1023; celui du lait de vache est de 1035 à 1037.

Or l'ébullition du lait rend plus grande encore la différence entre ces deux densités. Les travaux de Chavannes et de Lesage l'ont bien démontré. Nos expériences personnelles, faciles à répéter par tout le monde, ont confirmé les recherches antérieures. Nous avons fait chauffer 200 grammes de lait dans un vase cylindrique laissant une surface de contact à l'air de 0,75 cent. carrés.

Plusieurs ébullitions ont été faites, chacune de 10 secondes.

Les résultats suivants ont été obtenus :

Avant l'ébullition	Première ébullition	Deuxième ébullition	Troisième ébullition	Quatrième ébullition
Poids du lait 200 gr.......	186 gr.	173 gr.	158 gr.	144 gr.
Densité du lait 1037........	1041 »	1045 »	1049 »	1053 »

On voit d'après ce tableau que, après quarante secondes d'ébullition dans les conditions de notre expérience, le volume du lait est réduit de plus d'un quart et que sa densité s'est élevée de 1037 à 1053.

Il semble que c'est surtout aux dépens des gaz du lait et de sa vapeur d'eau que ces modifications se sont produites.

Y a-t-il altération des sels, des albumines, de la caséine, etc. ? Ce sont là des questions très difficiles à étudier, en raison de nos procédés d'investigation chimique, qui ne permettent pas d'aborder avec précision des recherches aussi délicates.

Il n'en est pas moins vrai que ces altérations se traduisent par une modification dans la saveur du lait, par un dépôt de matières albuminoïdes et salines sur les parois du récipient " verre ou marmite ", par la formation d'une pellicule improprement appelée crème et inutilisable pour le nourrisson, par la déperdition des gaz du lait, par la formation et la mise en liberté d'acide lactique.

Une pareille transformation est une altération sérieuse, qui fait comprendre les observations du professeur Tarnier, dans lesquelles un pareil lait a causé l'athrepsie et une autre fois la mort.

On peut juger de l'importance qu'il faut attacher à la préparation du lait par un chauffage de courte durée et à une température aussi basse que possible, pourvu que celle-ci soit suffisante pour en détruire tous les microbes pathogènes.

CHAPITRE VI.

Les microbes qu'on rencontre dans le lait.

Les microbes pathogènes, germes de maladies infectieuses, qui se rencontrent dans le lait peuvent être détruits par des températures assez peu élevées.

Au point de vue de leur origine, ils peuvent être classés de la manière suivante :

1° Ceux qui proviennent d'une maladie de la vache laitière, comme la fièvre aphteuse et particulièrement la tuberculose.

2° Ceux qui étaient dans l'eau dont on s'est servi pour nettoyer ou rincer les vases où le lait est recueilli, ou encore "mouillage du lait ' dans celle que certains laitiers mélangent pour un profit illicite (bacilles de la fièvre typhoide, du choléra, de la diphtérie, etc)

La fièvre aphteuse se montre de temps à autre dans les laiteries sous forme épidémique. Aucune loi n'empêche le laitier de vendre le lait de ses vaches malades, et ce liquide devient un agent de transmission du mal. Des épidémies de fièvre aphteuse atteignent les enfants qui consomment ce lait, et la mort, quoique rarement, peut être le genre de terminaison de la maladie.

Autrement dangereuse est la présence dans le lait du bacille tuberculeux. H. Martin en examinant le lait vendu sous les portes cochères à Paris l'a rencontré sept fois sur neuf échantillons.

De plus, la maladie tuberculeuse ne se traduit pas souvent chez la vache par des symptômes frappants, comme cela arrive chez l'homme par exemple. L'amaigrissement n'existe pas sauf aux dernières périodes de l'affection. La toux et les expectorations sont rares, aucune gêne respiratoire ne se révèle, aussi l'auscultation du poumon est-elle souvent négligée. On ne peut se figurer le nombre de vaches superbes d'aspect, qui sont atteintes de ce mal et rejettent dans leur lait le germe tuberculeux. Celui-ci viendra se greffer dans l'intestin de l'enfant, pénétrera dans son organisme et sera l'origine du carreau, de la phthisie pulmonaire, des coxalgies, de la méningite tuberculeuse, etc.

Ce bacille qui est le plus fréquent est aussi celui qui résiste à la plus haute température ; il meurt à 68 degrés.

Quant aux microbes pathogènes dont le lait peut se charger au cours du mouillage ou dans divers transvasements qu'il subit pour arriver au consommateur, ils sont moins résistants à la chaleur.

Le tableau suivant de Van Geuns nous en donne le degré de résistance :

Spirile du choléra	58 deg.
Spirile de Finckler Prior "choléra nostras "....................	58 à 59 id.
Bacille typhique	60 id.
Pneumocoque de Friedlander	58 à 60 id
Virus vaccinal...................	60 id.
Bacille tuberculeux............	68 à 69 id.

La lecture de cette liste démontre que le flacon thermométrique a été gradué de manière à donner une absolue sécurité contre l'ingestion de ces germes dangereux.

Pour apporter une preuve nouvelle de cette sécurité, nous avons prié notre éminent confrère, M. le docteur Calmette, de Lille, de faire des recherches directes sur la valeur de notre méthode et l'exactitude de nos flacons.

Ses expériences entreprises à l'Institut Pasteur de Lille, au mois de juillet 1895, l'ont amené aux conclusions suivantes :

INSTITUT PASTEUR

—

« *Le chauffage du lait à 85 degrés dans les flacons thermométriques* du docteur Legay et en suivant la technique qui a été indiquée, *tue sûrement* les germes du bacille de la tuberculose, ceux de la diphtérie, les germes du bacille typhique et du bacille virgule du choléra. »

Docteur CALMETTE.

CONCLUSIONS

Conserver au lait ses qualités d'aliment complet capable d'amener le développement régulier de tous les tissus et les organes de l'enfant, tuer sûrement ses microbes pathogènes, voilà le but à atteindre.

Nous pensons que notre méthode thermométrique répond à ces deux exigences de l'allaitement artificiel des nouveau-nés.

DU MÊME AUTEUR

Développement de l'utérus jusqu'à la naissance.

Leçons sur le développement et l'histologie normale du tissu osseux.

Perfectionnements apportés aux appareils à air comprimé pour le traitement des maladies de la respiration.

Mémoire sur un procédé simple et nouveau de pasteurisation du lait.

Tuberculose pulmonaire et muguet.

Le lait stérilisé.

Le lait des vaches tuberculeuses.

Le typhus à Lille.

Rythme cardiaque du chien chez l'homme, sans état pathologique.

Le torticolis rachitique.

Sous-sol de Lille. Contamination des nappes superficielles.

Lille.—Imp. Lefebvre-Ducrocq

www.ingramcontent.com/pod-product-compliance
Lightning Source LLC
Chambersburg PA
CBHW061742060726
47597CB00007B/2713